中 学 生 课 程 化
名 著 文 库

《昆虫记》

考点练习手册

SQ3R 阅读法

① 浏览（Survey）

纵览全书的目录、前言、摘要、章节划分等，快速通览，了解整本书的内容框架，建立对整本书的初步印象。

② 发问（Question）

阅读前对自己提问，如：我阅读此书的目的，我想找到什么问题的答案，作者想表达什么，等等。带着目的去读书，可以提升读书的兴趣，提高阅读效率。

③ 阅读（Read）

从头到尾精读全书，过程中可以圈重点，写批注、心得，与原有知识建立联系，加深新知识的印象，完善知识体系。

④ 复述（Recite）

读完某个章节或整本书，独立回忆阅读痕迹，组织自己的语言复述给自己或他人（费曼学习法核心），这样可以自我检查学习效果，巩固记忆。

⑤ 复习（Review）

在复述后复习，及时查缺补漏，梳理重点知识脉络（可做思维导图），温故知新。

1. （2022·贵州）下列对相关名著的表述**不正确**的一项是（　　）

A. 《昆虫记》中，意大利蟋蟀细长、瘦弱、苍白，喜欢在小灌木上、草丛中生活，喜欢夜间活动，喜欢在七月到十月的日落时分唱歌。

B. 《红星照耀中国》描写了一群"红小鬼"："山西娃娃"、"小号兵"、向季伯……他们有坚韧、苦干的精神和强烈的求知欲。

C. 身体瘫痪、双目失明的保尔仍不肯向命运低头，他用笔作为新的武器继续战斗，开始创作小说，几经周折，作品最终得以出版。

D. 在女儿国，国王命令虎力、鹿力、羊力三位大仙与唐僧师徒赌求雨、赌猜物等，皆因孙悟空使计作法，三位大仙均以失败告终。

2. （2022·江苏）下列对相关名著的表述**正确**的一项是（　　）

A. 《朝花夕拾》中鲁迅因阿长害死他的隐鼠而心生怨恨，后来阿长给他带来心仪已久的《山海经》时，他依旧憎恶她。

B. 《水浒传》中鲁智深曾是东京八十万禁军教头，一直安分守己，循规蹈矩，后忍无可忍，被逼上梁山。

C. 《钢铁是怎样炼成的》中朱赫来从小就在社会最底层饱受折磨和侮辱，后来在保尔的影响下走上革命道路。

D. 《昆虫记》揭开了昆虫世界的一个又一个奥秘，堪称科学与文学完美结合的典范，有"昆虫的史诗"之美誉。

3. （2021·江苏）下列有关名著的表述正确的两项是（　　）

A. 在《骆驼祥子》中，虎妞难产而死后，虽然小福子愿意与祥子过日子，但祥子因负不起养她两个弟弟和一个酗酒的父亲的责任，狠心拒绝了她。

B. 在《西游记》第七十六回中，悟空故意不扯救命索，让八戒被二魔象怪卷走，气得三藏大骂悟空无情无义，这体现了悟空自私狭隘的一面。

C. 法布尔的《昆虫记》是研究昆虫的科普巨著，透过昆虫世界折射出关于人类社会与人生的思考，语言平实且通俗易懂，但缺少幽默感。

D. 《艾青诗选》主题鲜明，意象丰富。其中"土地"凝聚着诗人对祖国母亲最深沉的爱，"太阳"表现了诗人对光明、希望的追求和向往。

E. 《水浒传》善用"穿针引线"的方式构思情节，如晁盖派吴用报恩，引出宋江杀阎婆惜的故事；宋江避难柴进庄园，又引出武松的故事。

4．（2020·新疆）《昆虫记》是一部引人入胜的书。作者对昆虫的形态、习性、劳动、繁衍和死亡的描述，处处洋溢着对生命的尊重，对自然万物的赞美。阅读《昆虫记》时我们能发现，整本书的章节在内容安排上有一个明显的特点是（　　）

A. 绝大多数章节主要写同类多种昆虫，突出一种昆虫。

B. 绝大多数章节只写一种昆虫，从各个角度展开描述。

C. 绝大多数章节写两种不同类的昆虫，进行对比分析。

D. 绝大多数章节写同类的多种昆虫，归纳它们的共性。

人老了，就对大嚼大咽失去了兴趣。

5.（2020·贵州）下列有关文学文化常识的表述，错误的一项是（　　）

A. 《昆虫记》是一部引人入胜的书，是德国昆虫学家法布尔花了足足三十年时间写就的长篇生物学巨著。

B. 表，是古代臣子向帝王陈情言事的一种文体，言辞往往恭敬、恳切，如《出师表》。

C. "热得难受"中，"难受"是对"热"的补充；"雄伟壮丽"中，两个词没有轻重主次之分。

D. "不一会儿，暴风雨就歇斯底里地开始了，顿时，天昏地暗"一句，把暴风雨完全人格化了。

6.（2019·青海）下面相关连接不正确的一项是（　　）

A. 《史记》——史学巨著——司马迁——中国（汉代）

B. 《红岩》——小说——罗广斌、杨益言——中国（现代）

C. 《昆虫记》——科普作品——法布尔——法国

D. 《红星照耀中国》——小说——埃德加·斯诺——美国

7.（2020·山东）下列各句没有语病的一项是（　　）

A. 他非常喜欢法布尔的作品，对他的《昆虫记》曾反复阅读，直到被翻看得破烂不堪。

B. 地摊经济是城市里的一种边缘经济，一定程度上在金融危机的背景下缓解了就业压力。

C. 作为一种新兴高速交通模式，高速磁浮具有高速快捷、安全可靠、运输力强、绿色环保、维护成本低等优点。

D. 世卫组织指出：面对庞大的确诊感染，越早研发出安全可靠的疫苗，对人类社会恢复正常生产生活越有利。

8.（2022·湖南）名著阅读。

表格中是三位同学参加校文学社"与经典同行"阅读活动后的读后感，请从下列名著中选择合适的书名，将标题补充完整。

《傅雷家书》《海底两万里》《昆虫记》《简·爱》

《儒林外史》《西游记》《骆驼祥子》

①尊重生命，赞美万物。——读《_____》有感

②神魔小说，童心之作。——读《_____》有感

③人格独立，心灵强大。——读《_____》有感

9.（2022·四川）鲁迅称《昆虫记》是"一部很有趣，也很有益的书"。它行文活泼，语言诙谐，还常常以拟人的手法表现昆虫世界，读来兴趣盎然。请你回顾书中内容，任选两种昆虫，说说作者是怎样用拟人的手法突出它们特征的。

_____

_____

_____

10.（2021·青海）阅读选段，完成下面小题。

选段一：我通常都看见____A____在梧桐树的柔枝上，排成一列，歌唱者和它的伴侣比肩而坐。吸管插到树皮里，动也不动地狂饮，夕阳西下，它们就沿着树枝用慢而且稳的脚步，寻找温暖的地方。无论在饮水或行动时，它们从未停止过歌唱。

选段二：____B____是大家都很熟悉的一种昆虫，即使你没有亲眼见过，也至少听说过它的名字。它的肚子顶端会发出微弱的光亮，就好像是挂了一盏小灯。在宁静的夏夜，你经常会看到它们在草丛中

你肯定会为自己的粗心付出代价。

游荡。

（1）以上选段出自法国昆虫学家＿＿＿＿＿＿＿＿＿＿（填人名）的《昆虫记》，他通过野外观察和实验揭开了昆虫鲜为人知的奥秘，如选段写出了A＿＿＿＿和B＿＿＿＿的形态特征，处处洋溢着对生命的尊重。

（2）请结合选段内容分析这部著作的语言特色。

＿＿＿＿＿＿＿＿＿＿＿＿＿＿＿＿＿＿＿＿＿＿＿＿＿＿＿＿＿＿

＿＿＿＿＿＿＿＿＿＿＿＿＿＿＿＿＿＿＿＿＿＿＿＿＿＿＿＿＿＿

＿＿＿＿＿＿＿＿＿＿＿＿＿＿＿＿＿＿＿＿＿＿＿＿＿＿＿＿＿＿

11. （2021·山东）阅读法布尔的《昆虫记》片段，回答问题。

①A为了结婚这个它生命的唯一目的，具备了一种奇妙的天赋。它能飞过长距离，穿过黑暗，越过障碍，发现自己的意中人。两三个晚上的时间里，它用几个小时去寻觅，去调情。如果不能遂愿，一切全都完了：极其准确的罗盘失灵了，极其明亮的灯火熄灭了。那今后还活个什么劲儿呀！于是，它便缩到一个角落里，清心寡欲，长眠不醒，幻想破灭，苦难结束。

②B的歌声是"格里——依——依""格里——依——依"这种缓慢而柔和的声音，唱起来还微微发颤，使歌声更加悦耳动听。你一听就会猜想到它的振动膜是极其细薄而宽大的。如果它待在叶丛中无人惊扰的话，它的声音就不会变化，但稍有动静，这位歌手便立即改用腹部发声。

③C是个嗜食昆虫者，尤其爱吃没有过硬甲胄保护的那些昆虫：这还证明它们特别喜欢肉食，但又像螳螂那样只吃自己捕获的猎物。

这个蝉的刽子手还知道肉食热量太高，须用素食加以调剂。吃完肉喝完血之后，还要来点水果什么的，有时候，实在没有水果，来点草吃吃也是可以。

（1）上述片段所写的三种昆虫依次是 A_____ B_____

C_____。

（2）《昆虫记》是优秀的科普著作，你从上述三段选文中获得了哪些科普知识？（答出两点即可）

_____

_____

_____

（3）鲁迅把《昆虫记》奉为"讲昆虫生活的楷模"，你认为鲁迅给予该书这么高评价的原因是什么？

_____

_____

_____

12.（2019·湖北）阅读下面名著《昆虫记》选段，完成下面小题。

①一看见罩壁上傻乎乎靠近的大蝗虫，螳螂痉挛似的一颤，突然摆出吓人的姿态。电流击打也不会产生这么快的效应的。那转变是如此突然，样子是如此吓人，以致一个没有经验的观察者会立即犹豫起来，把手缩回来，生怕发生意外。即使像我这么已习以为常的人，如果心不在焉的话，遇此情况也不免吓一大跳。

能够把照顾家庭当作自己的快乐，这样的昆虫几乎没有。

②鞘翅随即张开，斜拖在两侧；<u>双翼整个展开来，似两张平行的</u><u>船帆立着，宛如脊背上竖起阔大的鸡冠</u>；腹端蜷成曲棍状，先翘起来，然后放下，再突然一抖，放松下来，随即发出噗噗的声响，宛如火鸡展屏时发出的声音一般，也像是突然受惊的游蛇吐芯儿时的声响。

③身子傲岸地支在四条后腿上，上身几乎呈垂直状。原先收缩相互贴在胸前的劫持爪，现在完全张开。呈十字形挺出，露出装点着排排珍珠粒的腋窝，中间还露出一个白心圆点。这黑的圆点恍如孔雀尾羽上的斑点，再加上那些纤细凸纹，是它战斗时的法宝，平时是密藏着的，只是在打斗时为了显得凶恶可怕，盛气凌人，才展露出来。

④螳螂以这种奇特姿态一动不动地待着，目光死死地盯住大蝗虫，对方移动，它的脑袋也跟着稍稍转动。这种架势的目的是显而易见的：螳螂是想震慑、吓瘫强壮的猎物，如果后者没被吓破了胆的话，后果将不堪设想。

⑤它成功了吗？谁也搞不清楚蝗虫那长脸后面在想些什么，它那麻木的面罩上没有任何的惊恐呈现在我们的眼前。但是，可以肯定被威胁者是知道危险的存在的。它看见自己面前挺立着一个怪物，高举着双钩，准备扑下来；它感到自己面对着死亡，但还来得及时它却并没有逃走。它本是个长腿的蹦跳者，善于高跳，轻而易举地就能跳出对方利爪的范围，可它却偏偏蠢乎乎地待在原地，甚至还慢慢地向对方靠近。

⑥据说，鸟见到蛇张开的大嘴会吓瘫，看见蛇的凶狠目光会动弹不得，任由对方吞食。许多时候，蝗虫差不多也是这么一种状态。现在它已落入对方威慑的范围。螳螂将两只大弯钩猛压下来，爪子一抓，双锯合拢，夹紧。不幸的蝗虫已无还手之力：它的大颚咬不着螳螂，后腿只是胡乱地蹬踢。它的小命休矣。螳螂收起它的战旗翅膀，复现

常态，开始美餐。

（节选自人民教育出版社《昆虫记》，有删改）

（1）选文中螳螂在捕食时表现出哪些特征？请简要概括。

_____

_____

_____

（2）选文是一篇文艺性说明文，在说明中兼用文学的笔法。请具体分析第②段中画线句的修辞手法及作用。

_____

_____

_____

（3）阅读《昆虫记》全书，你认为法布尔的科学精神主要体现在哪些方面？

_____

_____

_____

13.（2019·湖北）阅读名著选段，回答问题。

①这个停滞不动的池塘，虽然它的直径不超过几尺，可是在阳光的孕育下，它却犹如一个辽阔神秘而又丰富多彩的世界。不知道会有多少忙碌的小生命生生不息。它多能打动和引发一个孩子的好奇心啊！让我来告诉你，我记忆中的第一个池塘怎样深深地吸引了我并激

发起我的好奇心。

②小时候，家里养了一群小鸭，我是放鸭的牧童。

③小鸭们一到池塘就飞奔过去寻找食物，吃饱喝足后，就到水里去洗澡，它们常常把身体倒竖起来，尾巴指向空中，仿佛在跳水中芭蕾。我美滋滋地欣赏着小鸭们优美的动作，看累了，就看看水中别的景物。

④那是什么？在泥土上，我看到有几段互相缠绕着的绳子又粗又松，黑沉沉的，像熏满了烟灰，我走过去，想拾一段放到手掌里仔细观察，没想到这玩意儿又黏又滑，一下子就从我的手指缝里滑走了。我花费了好大的劲，才认出它们是蝌蚪。

⑤接着我的注意力又被别的东西吸引住了。我看着泉水流到小潭，汇成小溪，突发奇想，如果把溪水看作一个小小的瀑布，定能去推动一个水磨，于是，我用草做成轴，用两个小石块支着它，成功地做了个磨子。可惜只有几只小鸭来欣赏我的杰作。

⑥接着，我在石头的窟窿里发现了一些灿烂而美丽的东西，它使我想起神龙传奇的故事。难道它们就是神龙赐给我的珍宝吗？要给我数不清的金子吗？为了纪念我发现的"宝藏"，再加上好奇心的驱使，我把石头装进口袋里，塞得满满的。

⑦在回去的路上，我尽情地想着我的蓝衣甲虫——像蜗牛一样的甲虫，还有那些神龙所赐的宝物，可是一踏进家门，父母的反应令我一下子大失所望。

⑧"赶紧把这些东西扔出去！"父亲冲着我吼道。

⑨"小鬼，准是什么东西把你迷住了！"

⑩可怜的母亲，她说得不错，的确有一种东西把我迷住了。半年后，我知道了那个池塘边的"钻石"，其实就是岩石的晶体；所谓的"金粒"，也不过是云母而已，它们并不是什么神龙赐给我的宝物。尽

管如此，对于我，那个池塘始终保持着它的诱惑力，因为它充满了神秘，那些东西在我看来，其魅力远胜于钻石和黄金。

（1）法布尔记忆中的第一个池塘里，有哪些具体的事物激发了他的好奇心？

_____

_____

_____

（2）仔细揣摩文中的词句，说说法布尔具有哪些优良的学习品质。

_____

_____

_____

（3）从法布尔后来的成就看，"那些东西"的魅力为什么远胜于"钻石和黄金"？

_____

_____

_____

（4）请准确列举出法布尔《昆虫记》目录中出现过的四种昆虫名称。

_____

_____

_____

它对儿女的关心、爱护、付出，像世上所有的母亲一样，是那样的无私。

（5）积累链接：请默写出宋代诗人杨万里《小池》中的后两句。

_____

_____

_____

14.（2022·安徽）阅读《昆虫记》选段，完成下面小题。

①蜣螂第一次被人们谈到，是在过去的六七千年以前。②古代埃及的农民，在春天灌gài农田的时候，常常看见一种肥肥的黑色的昆虫从他们身边经过，忙lù地向后推着一个圆球似的东西。③他们当然很惊讶地注意到了这个奇形怪状的旋转物体。

④从前埃及人想象这个圆球是地球的模型，蜣螂的动作与天上星球的运转相合。他们以为这种甲虫具有这样多的天文学知识，因而是很神圣的，所以他们叫它"_____"。

（1）根据拼音写出相应的汉字，给加点的字注音。

灌gài（   ）   忙lù（   ）   模型（   ）

（2）下列对选文语法知识的解说，不正确的一项是（   ）

A. ①句中"人们"是主语；"第一次"是状语。

B. ②句中"一种肥肥的黑色的""一个圆球似的"都是定语。

C. ③句的主干是：他们注意到了旋转物体。

D. ④句是陈述句，表示陈述语气。

（3）选文提到"天文学知识"，下列诗句没有体现这一知识的一项是（   ）

A. 人有悲欢离合，月有阴晴圆缺。

B. 星鸟正中春事浓，农夫入田布嘉种。

C. 月出于东山之上，徘徊于斗牛之间。

D. 了却君王天下事，赢得生前身后名。

（4）请在④句横线处填空。联系原著内容回答，蜣螂为什么推圆球？蜣螂的"梨"是什么？

_____

_____

_____

（注：因编校规范需要，真题略有改动；名著选段为原真题的版本，译名及句式与本书的翻译可能存在差异，特此说明。）

它仿佛能看清楚世间虚无缥缈的假象，能避开不理智的追求，淡定自如。

一、选择题

1. 科普作品是青少年走近科学、了解科学的重要读物之一，它能够激发学生对科学的求知欲、探索欲。下列文学作品不属于科普作品的是（　　）

  A.《昆虫记》   B.《星星离我们有多远》

  C.《平凡的世界》 D.《寂静的春天》

2. 法布尔在《昆虫记》一书中，将昆虫鲜为人知的生活习性生动地描写出来，揭开了昆虫世界一个又一个的奥秘。有一种昆虫，它的住宅一定要排水优良，并且有温和的阳光。它不利用现成的洞穴，而是自己一点点挖掘，从大厅一直到卧室，经常做着对住宅的改良和装饰工作，直到老去。这种昆虫是（　　）

  A. 蝉 B. 蟋蟀 C. 圣甲虫 D. 蝈螂

3. 下列关于《昆虫记》的表述，错误的一项是（　　）

  A.《昆虫记》是法国昆虫学家法布尔花了三十年时间写就的十卷本科普巨著。

  B. 法布尔用野外观察和实验的方法来研究昆虫，他笔下的昆虫充满生命的活动。

  C. 法布尔用文学语言展现昆虫世界的主要目的就是让读者得到美的享受和熏陶。

  D.《昆虫记》的魅力还源于高超的写作技巧，它行文活泼，语

到底谁是整个世界的主宰者呢？不是人类，而是伟大的大自然。

言诙谐，情趣盎然。

4. 下列名著中，需要尽量一气呵成，保证阅读完整性的一项是
（　　）

　　A.《昆虫记》　　B.《海底两万里》

　　C.《经典常谈》　　D.《给青年的十二封信》

5. 蜘蛛知道蜘蛛网上的猎物的方法是（　　）

　　A. 用眼睛看到的

　　B. 用耳朵听到的

　　C. 用嗅觉感知到的

　　D. 通过猎物在网上振动感觉到的

二、填空题

1.《昆虫记》是一部引人入胜的书，是＿＿＿＿＿＿＿国昆虫学
家＿＿＿＿＿＿花了足足三十年时间写就的十卷本科普巨著，堪称科
学与文学完美结合的典范，被誉为"＿＿＿＿＿＿＿＿＿"。

2.《昆虫记》里，作者给许多昆虫取了有趣的绰号，如＿＿＿＿＿＿
叫"清道夫"，"歌唱家"是＿＿＿＿＿，"列队虫"是＿＿＿＿＿。

3. 在《昆虫记》中，作者观察到蝉从不靠别人生活，更不用说
去＿＿＿＿＿＿面前求食了。相反，蚂蚁在饥肠辘辘的时候会
到＿＿＿＿＿＿的门口去乞食。

4. 作者在《昆虫记》中提到，在南方有一种与蝉一样的昆虫，虽然

在这个世界上，有许多默默无闻的昆虫。

它不怎么出名，但是很能引起人的兴趣。它不能像蝉一样_____，因为它没有钹。如果有的话，它的声誉肯定比那些有名的音乐家要大得多，因为它的形状与习惯都十分奇特，适合成为一名出色的乐手。这种昆虫是_____。

5. 阅读《昆虫记》我们可以得知，_____刚出生时会一直生活在母亲的背上，大概持续七个月，离开母亲后，它们喜欢爬到高处。

三、判断题

1.《昆虫记》堪称文学与科学完美结合的典范，语言诙谐，只运用了比喻的手法表现昆虫的世界。（   ）

2.《昆虫记》中写了不少昆虫的生活和习性，比如：蝉在地下"潜伏"四年，才能钻出地面；蟋蟀善于建巢穴，管理家务。（   ）

3.《昆虫记》为我们展示了许多昆虫的另一面：勤劳的蚂蚁竟然是残暴的掠夺者；看似在"祈祷"的螳螂，其实是个残忍的杀手；看似恶心的碧蝇、食尸虫，实际上是大自然新陈代谢的工作者。（   ）

4. 法布尔在《昆虫记》中介绍了各种昆虫的生活习性，譬如蟋蟀在选择住处时，会选择天然形成的隐蔽场所，因为这些场所是自然形成的，安全有保障。（   ）

5. 法布尔被誉为"昆虫界的托尔斯泰"。（   ）

它们是在消化死亡，创造出新的生命。

四、简答题

1. 有人评价《昆虫记》"透过昆虫世界折射出社会人生"。的确，小小昆虫也有人的某种特点和智慧。请你从下面两种昆虫中任选一种，说说它有怎样的特点和智慧。

①蟋蟀　　②螳螂

_____

_____

_____

2. 法布尔笔下的昆虫既有虫性，又有人性。你所在的学习小组就《昆虫记》"以人性看虫性"这一特点进行了研究性学习。你建议以"蝉"的图片作为研究性学习报告的封面，请结合具体内容说说理由。

_____

_____

_____

3. "垂緌饮清露，流响出疏桐。居高声自远，非是藉秋风。"（垂緌：古人结在颔下的帽缨下垂部分，蝉的头部伸出的触须，形状与其有些相似。）虞世南的《蝉》和法布尔的笔下的蝉都写了蝉鸣，其用意有何不同？

_____

_____

_____

4. 假如你要向朋友推荐《昆虫记》这本书，请说说你的推荐理由。

_____

　我们都天真地热爱着，但是我们不会像孩子一样天真地相信一切。

_____

_____

5. 在《昆虫记》中，你最喜爱的昆虫是什么？请简述你的理由。

_____

_____

_____

五、阅读题

（一）阅读下面的文章，完成下面小题。

蝉非常喜欢唱歌，有一种像钹一样的乐器在它翼后的空腔里。这不能让它满足，为了增加声音的强度，它还把一种响板安置在胸部。蝉为自己的嗜好付出了很大的代价，这种响板体积很大，为了在胸部安置它，蝉不得不将自己的生命器官压到身体一个小小的角落里。为了安置乐器不得不缩小体内的器官，听上去不可思议，可谁让它那么热心委身于音乐呢。

不幸的是，这些它如此喜欢的音乐，却完全不能引起别人的兴趣。因此，我至今还没发现它唱歌的目的是什么，通常都以为它是在招呼同伴，显然，这种想法是错误的。

到现在，我与蝉做邻居已有十五年的时间了。每个夏天都差不多有两个月的时间，这段时间里，它们总在我的视线中，歌声更是不绝于耳。我通常都是在筱悬木的柔枝上看见它们，它们排成一列，比肩而坐，不时会把吸管插到树皮里，悄无声息地完成一顿狂饮。它们在夕阳西下的时候离开，沿着树枝，脚步沉稳，飞向温暖的地方。它们的歌声从来不会停止，饮水和行动时也不例外。

这样看来，它们并不是叫喊同伴。你试想一下，假如你的同伴就在你面前，你会去用整月的时间叫喊他们吗？应该不会。

我觉得，即便是蝉自己，也未必能听到自己唱的是什么。可能它只是想用这种方式强迫别人听而已。

蝉的视觉非常清晰，它有五只眼睛，任何左右以及上方发生的事情都逃不过它的眼睛。当看到有谁向它跑来，它便立刻停止歌唱，安静离开。但是它不会被高声喧哗惊扰，无论你是在它的背后讲话、吹哨子，还是拍手、撞石子，蝉都会继续发声，依然镇静，就像跟它没关系一样，要是一只鸟的话，早已惊慌而逃了。

…………

这次试验可以让我们确信，蝉没有听觉，就像一个聋子。因此，它丝毫听不到自己所发出的声音！

1. 上文选自_____国昆虫学家_____创作的科普巨著《_____》。

2. 根据上文内容，简要概括蝉能够歌唱的原因。

_____

_____

_____

3. 结合书中内容，简单介绍一下上文中最后一段"这次实验"的过程，并说说"这次实验"体现出作者怎样的特点。

_____

_____

_____

（二）阅读下面的文章，完成下面的小题。

【甲】那蟋蟀要等到什么时候才肯筑巢呢？一直要到十月，气候变得寒冷，蟋蟀才开始考虑结束流浪生活，准备筑巢。观察笼子里的蟋蟀筑巢之后，我们发现，这并不是一项多么难的工作。它选择的掘洞地点不是那种裸露的地面，而是有东西掩盖的地方，比如说，一片莴苣叶下面，或者其他东西下面。这样做是为了保护自己的巢穴不被发现。

在它工作的时候，我就在一边悄悄地观察。它前后腿都紧紧地蹬着地面，把较大的石块用嘴咬去。它还把清扫出的灰尘推到后面，并将其倾斜地铺开。这样，蟋蟀是如何筑巢的我们就一清二楚了。

它工作的效率很高，在笼子中，它往往要在土中待上两个小时才会出来一次。它隔一会儿就身子冲着里面倒退到进出口一次，它在不停地打扫着尘土。要是它觉得疲劳了，就会在门口休息一会儿。休息时，它头冲着外面，一副疲惫不堪的样子，触须也无力地摆动着。过了一会儿，它又钻进洞中，继续修建巢穴。它的休息时间随着开工天数的增多，也逐渐增长，有时候，我都会等得不耐烦。

看来蟋蟀已经把筑巢最重要的一步完成了。洞已经有两寸多深，虽然距离最后完工还有很大的距离，但是，足够蟋蟀暂时容身。接下来的工作，蟋蟀就可以慢慢干了。它也不再着急，今天干一点，明天干一点。随着时间的流逝，天气越来越冷，蟋蟀的个头也越长越大，这个洞也会随着变大、变深。即使是在寒冷的冬天，如果阳光明媚的话，也可以看到有蟋蟀在洞中掘土。春天到了，万物复苏，在这样本该享乐的季节里，蟋蟀仍然不肯歇息。它不断地做着对洞穴的修理和装饰工作，这种工作会断断续续一直持续到它死去。

【乙】它在休息、不活动的时候，显得格外平和。它将身体蜷缩在胸坎处，安静地一动不动，看上去没有半点攻击性，温和得让你以为它真是一只热爱祈祷的小昆虫。与平时那个异常勇猛的捕食机器相比，大相径庭。但是，这些只是暂时的，不然的话，它身上的那些进攻、防卫的武器也就派不上什么用场了。无论是什么昆虫，也无论是无意路过还是来侵袭，只要你走近螳螂，它就会立刻收起那副祈祷的面孔。就在刚刚还在蜷缩着休息，立马就展开三节的身躯，那些可怜的路过者，有的还没来得及反应，就被螳螂的利钩俘虏了。螳螂把它用两排锯齿重重压住，使它移动不得，然后，用钳子将对方用力夹紧，结束战斗。蝗虫、蚱蜢，甚至是更加强壮的昆虫，只要被螳螂俘虏，就无法逃脱这四排锋利锯齿的宰割，只好束手就擒。这时，螳螂便显出了它捕食机器凶残的一面。

1. 阅读选段【甲】，你认为蟋蟀的住宅有什么特点？

_____

_____

2. 阅读选段【乙】，联系原著内容分析螳螂的习性。

_____

_____

（三）阅读下面的文章，完成下面小题。

泥水匠蜂把房子修建在我的窗户框里面，它们把土巢筑在软沙石的墙壁上，把我不小心留在窗户木框上的小孔当作出入的门户。另外几只泥水匠蜂可能迷路了，它们在百叶窗的边线上筑起了蜂巢。这些

名句
积累
即使大半天都没有什么收获，但是只要有机会降临，它就能把握住。

黄蜂总是在我的午饭时间到访，当然，它们翩翩而至不是来看我，是惦记着我的那些葡萄熟了没有。

所有的这些昆虫全是我的朋友，它们惹人喜爱。我以前和现在所熟悉的伙伴们，全部都聚集到了这里，每天都忙着打猎、筑巢，还有维持它们的家族。如果我想换个地方住的话，离我很近的地方就有一座大山，那里遍布着野草莓丛、岩蔷薇和石楠植物，黄蜂和蜜蜂就喜欢在这些植物上面聚集。我给自己找了充分的理由离开城市，来到乡村，来到这里，整日做一些除杂草和灌溉莴苣的事情。

人们在大西洋和地中海沿岸建了许多实验室，花费了大量资金，仅仅是为了研究一些生活在海洋中的小动物。但是，这些海洋生物对我们的生活几乎没什么影响，还有人为了弄明白那些环节动物卵块是如何分裂的，不惜花大价钱置办高倍显微镜、昂贵的解剖仪器，雇用船只和海员，甚至建造水族馆。在这些动物身上有必要花费如此多的精力吗？人们为什么对那些生活在我们身边的、触手可及的昆虫如此地不闻不顾？相对于海中的那些动物，它们与我们更息息相关。它们中有的对人类有益；有的与人类不相往来；还有的穷凶极恶，专门与人类作对，疯狂地吞噬农作物。

因此，我们应该建立一座昆虫研究室，专门研究各种昆虫——是活的昆虫，不是在瓶子中泡酒的那种死的。在这座实验室中，我们可以研究昆虫的生活习性、本能、劳动、产卵、猎食、筑巢、战斗等各个方面。面对这些问题，我们要严肃对待，它们不仅是自然的知识，还能影响到科学、社会学、哲学等各个学科领域。我们要通过实验、观察和推断来弄明白哪些行为是昆虫的本能，是生下来就拥有的本领；哪些本领是昆虫后天掌握的，是运用自己的智力获得的。弄清楚这个问题，有利于我们研究人类的思维。而这一切的一切都是从最基本的小处着手研究的，比如，数一下甲壳虫的触须有多少节。这个看似简单的问题的答案，几乎没有人知道。

1. 作者为什么要离开城市来到乡村？

_____

_____

2. 作者认为当时的动物研究存在哪两点不足？请简单概括。

_____

_____

（四）阅读下面的文章，完成下面小题。

即使是长时间没有收获地等待，狼蛛也不会被饥饿困扰。因为它有一个特殊的胃，这个胃非常节制，能使它长时间不进食还不会感觉饥饿。我就经常忘记给实验室中的狼蛛喂食，有时候会长达一周的时间。但是，它们看上去并不憔悴，还是那样精神，只不过变得有点贪婪而已。

狼蛛年幼的时候身体是灰色的，还没有黑色的绒毛，那是成熟狼蛛特有的标志。那时的狼蛛并不是用成熟狼蛛的办法狩猎，因为它们还没有洞可以躲藏。它们整日在草丛中游荡，过着流浪的生活，让人觉得，那才是真正的打猎。如果它们发现猎物，便上前将其从巢中赶出来。这些昆虫见了狼蛛，吓得拼命逃跑，可是已经晚了，小狼蛛一下跳到猎物身上，将其杀死。

我实验室中的小狼蛛经常捕食苍蝇，它们那敏捷的动作我非常欣赏。它们猛然一跃，便能将停在两寸高的草上的苍蝇扑住，让人感觉跟猫捉老鼠一样。

名句
积累
机器磨损了就要维修、更新，动物运动后也需要补充能量。

小时候的狼蛛给人感觉要灵敏得多，也非常活泼，经常做出一些匪夷所思的动作，给你一个惊喜。之所以如此，是因为它们的身体还很轻。等它们成年以后，肚子里有了卵，便收敛多了。到那时，它们就给自己挖一个洞，整日守在洞口，等待猎物送上门来。这便是成年狼蛛的狩猎方式。

1. 结合选文，说说狼蛛捕食具有哪些特点。

_____

_____

2. 上文中画线句子运用了什么说明方法？有什么作用？

_____

_____

（五）阅读下面的文章，完成下面小题。

七月里，昆虫们在到处寻找能解渴的饮料，那些枯萎的花让它们感到失望。而此时，蝉却依然在枝头不停地歌唱，丝毫没有体会到半点口渴。它的嘴像锥子一样尖锐，是一个精巧的吸管，平时收藏在胸部，口渴的时候，便把嘴钻进柔滑的树皮，里面是饮之不竭的汁液，可以让它喝个痛快。

这样，我们就能找到它遭到意外烦扰的原因了。附近有很多口渴的昆虫，它们发现蝉的嘴下是一口能流出浆汁的"井"，于是它们便跑去舔食。这些昆虫有黄蜂、苍蝇、玫瑰虫等，而蚂蚁是其中最多的。

蚂蚁身材很小，它们总是偷偷地从蝉的身子底下爬过，到达"井"边。此时，蝉都是很大方地抬起身子，放它们通行。有的大昆虫很无耻，它们到"井"边喝到一口后便赶紧跑开，等到它们再回来的时候，便想把蝉赶走，霸占这口"井"。这些昆虫中最坏的就是蚂蚁。

有一次，我看见几只蚂蚁紧紧地咬住蝉的腿尖，还有的爬上它的后背，拖住它的翅膀。甚至有一次，我亲眼见到一个暴徒抓住蝉的吸管，想尽力把它从"井"中拔掉。面对越来越多的麻烦，歌唱家的脾气再好也无可奈何，只得无奈地离开。于是蚂蚁占据了这口"井"，但虽然它们达到了目的，这口"井"也很快就会干涸。吃完了里面的浆汁后，蚂蚁为了再图一次痛快，还会再找机会去抢劫别的"井"。

看到了吧，事实的真相正好与寓言相反，当乞丐的是蚂蚁，而辛勤劳作的却是蝉！

（1）结合上文简述蝉的生活习性，并分析蝉的嘴有哪些特点和作用。

_____

_____

（2）请简述上文最后一段中"寓言"的主要内容。

_____

_____

名句
积累

真题回顾 ┃··

1. D

2. D

3. AD

4. B

5. A

6. D

7. C

8. 昆虫记　　西游记　　简·爱

9.（示例）有的螳螂就像盗贼，用狡猾手段，甚至暴力，侵占别人的劳动成果；小甲虫为它的后代做出无私的奉献，为儿女操碎了心；狼蛛每次作战前都做充分准备，不打无准备之仗。（言之有理即可）

【解析】本题考查对名著内容的理解。法布尔的《昆虫记》是一部概括昆虫的种类、特征、习性和婚习的昆虫学巨著，同时也是一部富含知识、趣味、美感和哲理的文学宝藏。作品中以拟人的手法将昆虫的生活和习性揭示出来，如蝉在地下潜伏四年才能钻出地面，在阳光下歌唱五个星期；蟋蟀善建巢穴，管理家务；蜘蛛善于捕食、织网；螳螂善于利用"心理战术"制服敌人；切叶蜂可以不用任何工具"剪"下圆叶片做巢穴盖子……作品除真实记录昆虫的生活，还透过昆虫世界折射出社会人生。选择其中的两种昆虫，按题目要求概括作答即可。

10.（1）法布尔　　A 蝉　　B 萤火虫

（2）（示例）选段一"歌唱者和它的伴侣比肩而坐"运用拟人的修辞手法，将蝉拟人化，生动描绘蝉的生活习性。 选段一"狂饮""歌唱"等词，生动形象地写出蝉饮树汁、夏日长鸣的生活习性。 选段二运用比喻的修辞手法，将萤火虫的发光器比作一盏灯，生动形象地写出了萤火虫的形态特征。

11.（1）大孔雀蝶　意大利蟋蟀　蝈蝈

（2）①大孔雀蝶一生中唯一的目的就是找配偶，如果在这期间它无法如愿，它的一生也将结束了。 ②意大利蟋蟀歌声缓慢、柔和、优美，如果受到惊扰歌声会发生变化。 ③蝈蝈嗜吃昆虫，尤其爱吃没有过硬甲胄保护的那些昆虫。 它们特别喜欢肉食，吃完肉喝完血之后，还吃点水果或草。（大意对即可）

（3）①《昆虫记》将昆虫鲜为人知的生活习性生动地揭示出来，使人们得以了解昆虫的真实生活情景；②《昆虫记》行文生动活泼，既是优秀的科普著作，也是公认的文学经典。（大意对即可）

12.（1）①震慑对方，凶恶可怕，盛气凌人；②出击迅猛，干净利落，一气呵成。（大意对即可）

（2）比喻，把螳螂展开的"双翼"比作"船帆"和"鸡冠"，生动形象地写出了螳螂双翼展开后的特点。（大意对即可）

（3）①充满好奇，勇于探索；②注重观察和实验；③以平等和尊重的态度来研究昆虫。（大意对即可）

13.（1）鸭、蝌蚪、小溪、岩石的晶体、云母等。

（2）观察力、想象力、好奇心、创造力等。

（3）"那些东西"虽然不是什么真正的"宝藏"，但它激发了幼年法布尔心中的求知欲和创造力，是他未来科学事业的起点和萌芽。所以，在他看来，那些东西的魅力远胜于钻石和黄金。（大意对即可）

我们不能把生命当作享乐或者受难，应该把它看作一个合约。

（4）黄蜂、螳螂、蜣螂、蟋蟀。可参阅《昆虫记》目录。

（5）小荷才露尖尖角，早有蜻蜓立上头。

14．（1）溉　　碌　　mó

（2）A

（3）D

（4）神圣的甲虫

（示例）蜣螂推的圆球是粪球，它推粪球是为了储存食物，也是为产卵做准备，"梨"是它为卵做的巢，同时也是蜣螂幼虫的食物。（大意对即可）

模拟演练

一、选择题

1. C　　2. B　　3. C　　4. B　　5. D

二、填空题

1. 法　　法布尔　　昆虫的史诗

2. 蜣螂　　蝉　　松毛虫

3. 蚂蚁　　蝉

4. 唱歌　　螳螂

5. 黑腹狼蛛

三、判断题

1. ×　　2. ✓　　3. ✓　　4. ×　　5. ×

四、简答题

1. （示例一）选择①

蟋蟀聪明，会把住宅建在隐秘的地方；勤劳，钻在下面一待就是两个小时。

（示例二）选择②

螳螂勇猛，不畏惧任何昆虫，哪怕面对比自己大得多的蝗虫，它也勇敢战斗，直到吃掉对方；残忍，雌螳螂会吃掉雄螳螂，吃得只剩下翅膀，连骨头都不剩，令人毛骨悚然。（言之有理即可）

2. 示例："以人性看虫性"，蝉有许多耐人寻味的习性。地下蛰伏四年，地上生活五周，每天都尽情地歌唱，它们积极乐观、毫无怨言。（言之有理即可）

3. 虞世南的《蝉》，以蝉喻人，旨在借蝉抒怀：品格高洁者，无须借助外力，自能声名远播。法布尔的《蝉》旨在探究科学奥秘：观察探究蝉的身体构造和歌唱的特点，通过实验证明蝉是感受不到声音的。（言之有理即可）

4. 示例：《昆虫记》是法国杰出昆虫学家法布尔的传世佳作，它不仅是一部文学巨著，也是一部科学百科全书。法布尔运用野外观察和实验的方法来研究昆虫的本能和习性，关注昆虫的生命过程，处处洋溢着对生命的尊重，对自然万物的赞美。这本书凝结了作者毕生的研究成果和人生感悟，为人们展现了昆虫世界的知识、趣味、美感和思想，它行文活泼，语言诙谐，充满了盎然的情趣和诗意，被誉为"昆虫的史诗"。（言之有理皆可）

一个低凹的小家，是那样安逸，这会让你不再去忧虑。

5.（示例一）

我最喜欢蟋蟀，因为它不仅是建造住宅的高手，还具有坚持不懈的精神，它每天一点一点地挖掘自己的洞穴，让洞穴变得平整、舒适。

（示例二）

我最喜欢蝉，因为它从虫卵到幼虫，继而成为夏日的歌手，需要在地下潜藏四年之久，这种向死而生的精神令人敬佩。（言之有理即可）

五、阅读题

（一）1. 法　　法布尔　　昆虫记

2. 蝉能歌唱是因为它的身体构造：它翼后的空腔里带有一种像钹一样的乐器；胸部安置一种响板，以增加声音的强度。

3. "这次试验"是指作者借来土铳，装上火药，在蝉正在歌唱的梧桐树下开枪，试了两次，发现蝉不受影响，仍然继续歌唱。"这次实验"体现出作者勇于实践和探究的精神，并且具有严谨的治学态度。

（二）1. 向阳、隐蔽、宽敞，可以随天气的变冷和它身体的增长而加大、加深。

2. 生性残暴好斗，有镰刀般的前足；交配后母螳螂通常会吃掉公螳螂；善于伪装温和，以便伏击猎物。（答出任意两点即可）

（三）1. 在乡村可以观察到各种昆虫。

2. 人们花费大量财力研究海洋生物，却忽视了与人类生活息息相关的陆地昆虫；研究泡在酒精里的死昆虫，却没有研究活昆虫。（大意对即可）

（四）1. 第二段中狼蛛的动作表现了它猎食蛮横凶狠的特点；第三段中狼蛛捕食苍蝇体现了它动作敏捷的特点。（大意对即可）

2. 运用了举例子的说明方法，具体清楚地说明了成年狼蛛有一个节制的胃，不大会受到饥饿的威胁。

（五）1. 蝉喜欢唱歌，它是勤劳的生产者。蝉的嘴尖锐如锥子，便于钻破树皮；中空如吸管，便于饮到汁液。（大意对即可）

2. 蝉在夏天终日歌唱，而蚂蚁辛勤劳作，储存粮食；到了冬天，蝉只能去向蚂蚁乞讨食物，结果遭到了蚂蚁的嘲讽。（大意对即可）